Instrumentación 5: Temperatura

Alexander Espinosa

Versión 4.1 – 2011

©2011, Alexander Espinosa.

Esta es una obra derivada de Lessons in Industrial Instrumentation de Tony R. Kuphaldt, pero no está financiada, patrocinada, revisada, aprobada o apoyada de ninguna forma por Tony R. Kuphaldt.
http://www.openbookproject.net/books

A mis hijos Camilo y Sofía

Indice

1	**Mediciones de temperatura**	**1**
1.1	Sensores de temperatura Bi-metálicos	3
1.2	Sensores de temperatura de bulbo cerrado	5
1.3	Detectores de Temperatura Resistivos	8
	1.3.1 Coeficiente de temperatura de una resistencia	9
	1.3.2 Circuitos de dos cables RTD	11
	1.3.3 Circuitos RTD de cuatro cables	12
	1.3.4 Circuitos de RTD de tres cables	14
	1.3.5 Error de auto-calentamiento	16
1.4	Termocupla o termopar	17
	1.4.1 Uniones de metales distintos	17
	1.4.2 Tipos de termocuplas	19
1.5	Sensores de temperatura sin contacto	20

Figuras

1.1	Sistemas de medición de temperatura con cintas bimetálicas	4
	(a) Foto de una cinta bimetálica con indicador de temperatura	4
	(b) Efecto de la temperatura en los metales	4
	(c) Cinta bimetálica Cobre-Hierro	4
1.2	Clases de bulbo cerrado	5
	(a) Clase I p V	5
	(b) Clase III	5
1.3	Sistema de bulbo cerrado clase II	6
1.4	Sistema de bulbo cerrado	8
	(a) Foto de un transmisor neumático de presión con sensor de bulbo cerrado . .	8
	(b) Ubicación del bulbo cerrado	8
1.5	Esquema de la conexión de un termistor o RTD	8
1.6	Diferencia entre RTD y termistores	11
1.7	Método de cuatro cables para la medición de resistencia	13
1.8	Conexión RTD de tres cables	14
1.9	Foto de un transmisor de temperatura moderno	15
1.10	Termocupla	18
	(a) Esquema	18
	(b) Efecto de la unión fría en la conexión de una termocupla a un voltímetro	18
1.11	Pirómetros	22
1.12	Campo de visión de un sensor de termperatura sin contacto	25

Tablas

1.1 Tipos de termocuplas 21
1.2 Función de transferencia de una termopila . . 24
1.3 Diferentes tipos de relación de campo de visión y ángulo de visión 26

Prólogo

El estudiante de instrumentación industrial debe conseguir una comprensión de muchos aspectos de la ciencia y la técnica que se utilizan para la obtención de bienes de consumo a través de métodos industriales de proceso. En las industrias de proceso coexisten antiguas y nuevas tecnologías, por lo que el desafío es aún mayor para los jóvenes que intentan obtener el dominio necesario de la instrumentación industrial.

+Alexander Espinosa

Capítulo 1

Mediciones de temperatura

La temperatura es la medida de la energía cinética molecular dentro de una sustancia. El concepto es más fácil de entender para los gases bajo presión donde las moléculas se mueven aleatoriamente. La energía cinética (de movimiento) promedio para estas moléculas definen la temperatura para esa cantidad de gas. Hay una fórmula que expresa la relación entre la energía cinética promedio (E_{trmica}) y la temperatura (T) para un gas monoatómico (con moléculas de un solo átomo).

$$\overline{E_k} = \frac{3kT}{2} \qquad (1.1)$$

Donde,
$\overline{E_k}$ = Energía cinética promedio de las moléculas de gas (joules)
k = Constante de Boltzmann(1.38×10^{-23} joules/Kelvin)
T = Temperatura absoluta del gas (Kelvin)

La **energía térmica** es un concepto diferente: Es la cantidad de energía cinética total para este movimiento molecular aleatorio. Si la energía cinética media está definida como en (Ec. 1.1), entonces la energía cinética total para todas las moléculas de un gas monoatómico debe ser esa cantidad multiplicada por el número total de moléculas (N) en la muestra de gas.

$$E_{\text{térmica}} = \frac{3NkT}{2}$$

Esto puede ser equivalentemente expresado en términos del número de *moles* de gas en lugar del número de moléculas (que es un número muy grande para cualquier muestra real):

$$E_{\text{térmica}} = \frac{3nRT}{2}$$

Donde,

$E_{\text{térmica}}$ = Energía térmica total para una muestra de gas (joules)

n = Cantidad de gas en la muestra (moles)

R = Constante del gas Ideal (8.315 joules por mole-Kelvin)

T = Temperatura absoluta del gas (Kelvin)

La temperatura es una magnitud que se puede detectar más fácilmente que el calor. Hay muchas formas en que se puede medir temperatura, desde un termómetro de Mercurio hasta sistemas sofisticados de sensores ópticos infrarrojos. Como todos las otras áreas de medición no hay un principio único que sea el mejor para todas las aplicaciones. Cada técnica de medición de temperatura tiene sus propias fortalezas y debilidades. Una responsabilidad del instrumentista es conocer los pros y los contras para poder seleccionar la mejor tecnología para la aplicación y ese conocimiento se adquiere entendiendo bien los principios de operación de cada tecnología.

1.1 Sensores de temperatura Bi-metálicos

El suelo tiende a expandirse cuando se calienta. La cantidad en que una muestra sólida se expande con el incremento de temperatura depende del tamaño de la muestra, del tipo de material que la constituye y del valor del incremento de temperatura. La siguiente fórmula relaciona la expansión lineal con el cambio de temperatura:

$$l = l_0(1 + \alpha \Delta T) \tag{1.2}$$

Donde,
l = Longitud del material después de calentado
l_0 = Longitud original del material
α = Coeficiente de expansión lineal
ΔT = Cambio de temperatura
Estos son algunos valores típicos de α para los metales comunes.

- Aluminio = 25×10^{-6} por °C
- Cobre = 16.6×10^{-6} por °C
- Hierro 12×10^{-6} por °C
- Estaño = 20×10^{-6} por °C
- Titanio = 8.5×10^{-6} por °C

Como se puede ver, los valores de α son bien pequeños. Esto significa que la magnitud de la expansión (o contracción) correspondiente a cambios modestos de temperatura son casi imperceptibles a menos que el tamaño de la muestra sea enorme. Podemos ver los efectos de la expansión térmica en estructuras como los puentes, en los que deben incorporarse juntas de expansión en el diseño para prevenir daños graves cuando cambie la temperatura. De todas maneras, para una muestra que tenga el tamaño de una mano, el cambio en longitud observado entre un día fresco y uno cálido será microscópico.

Una forma para amplificar el movimiento resultante de la expansión térmica es unir dos metales diferentes juntos, tal como cobre y hierro. Si pudiésemos tomar dos tiras iguales de cobre y hierro, lado a lado y entonces calentarlas, veríamos a la cinta de cobre alargarse ligeramente más que la cinta de hierro (Fig. 1.1c).

Si unimos estas dos cintas, se doblarán inevitablemente durante la dilatación originada por el calentamiento debido a que una crecerá más que la otra.

su crecimiento diferencial resultará en un movimiento de doblado que excederá la expansión linear. Este dispositivo se denomina par metálico *bi-metal strip*.

Si un par metálico se torciera a lo largo, se enderezaría al calentarse. Este movimiento puede ser usado para guiar directamente la aguja de una galga de temperatura como se muestra en la siguiente foto (Fig. 1.1a).

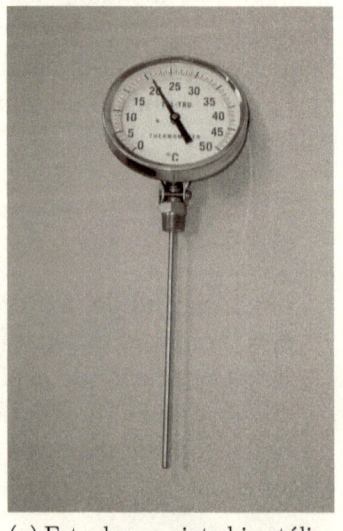

(a) Foto de una cinta bimetálica con indicador de temperatura

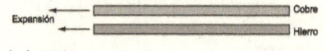

(b) Efecto de la temperatura en los metales

(c) Cinta bimetálica Cobre-Hierro

Figura 1.1: Sistemas de medición de temperatura con cintas bimetálicas

1.2 Sensores de temperatura de bulbo cerrado

Los sistemas de bulbo cerrado explotan el principio de expansión de fluido para medir temperatura. Si un fluido es colocado en un sistema cerrado y entonces calentado, las moléculas en dicho fluido ejercerán una presión mayor en las paredes del contenedor. Midiendo esta presión, y permitiendo que el fluido se expanda bajo presión constante, podemos inferir la temperatura del fluido.

Los sistemas de clase I y clase V usan un fluido de relleno (clase V es el Mercurio). Aquí, la expansión volumétrica del líquido dirige un mecanismo indicador para mostrar temperatura (Fig. 1.2a).

Los sistemas de clase III usan un fluido de relleno de gas en lugar de líquido. Aquí, el cambio en la presión con la temperatura (como se describe por la Ley de Gases Ideales) nos permite sensar la temperatura del bulbo (Fig. 1.2b)).

En esos sistemas, es muy crítico que el tubo que conecta el bulbo de sensado con el sistema indicador tenga el volumen mínimo para que la expansión de fluido se deba principalmente a cambios en la temperatura del bulbo en vez de cambios en la temperatura a lo largo del tubo. También es importante darse cuenta que el volumen de fluido contenido por el fuelle (o tubo de Bourdon o diafragma

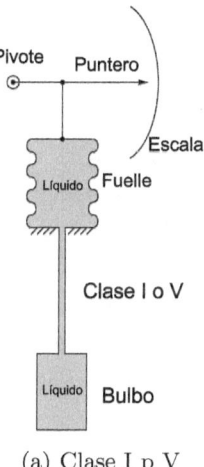

(a) Clase I p V

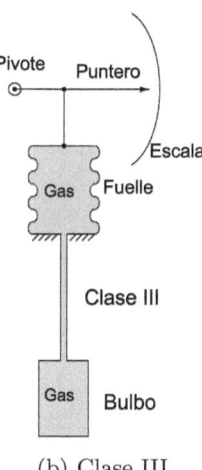

(b) Clase III

Figura 1.2: Clases de bulbo cerrado

...) también está sujeto a expansión y contracción debido a cambios de temperatura en el indicador. Esto significa que las indicaciones de temperatura cambian algo con los cambios de temperatura del indicador, lo que es algo no deseable, puesto que se quiere que el dispositivo mida exclusivamente la temperatura del bulbo. Existen varios métodos de compensación para mitigar este problema (por ejemplo: un resorte de par metálico dentro del mecanismo indicador para desplazar automáticamente la indicación mientras la temperatura cambia), pero esto puede ser reemplazado permanentemente a través de un ajuste simple del cero, siempre que la temperatura ambiente del indicador no cambie mucho.

Una clase diferente de sistema de bulbo cerrado es la Clase II, el cual usa una combinación de vapor y líquido volátil para generar una expansión de fluido dependiente de temperatura (Fig. 1.3).

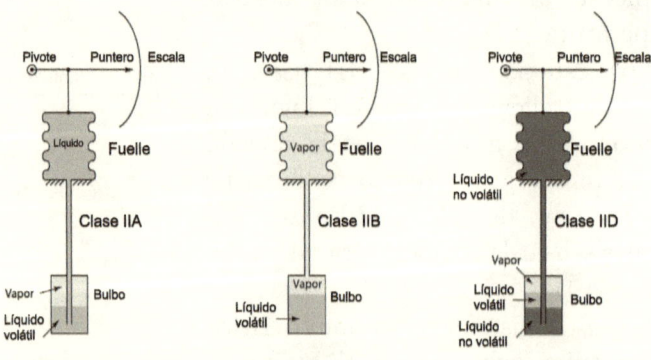

Figura 1.3: Sistema de bulbo cerrado clase II

Dado que el líquido y el vapor están en contacto directo entre sí, la presión en el sistema será exactamente igual que la presión de vapor saturado en la interface vapor-líquido. Esto hace que los sistemas Clase II sean sensibles a la temperatura solo en el bulbo. Debido a este fenómeno, un sistema de rellenado de bulbo de Clase II no requiere compensación por cambios de temperatura en el indicador.

Los sistemas de Clase II tienen un comportamiento típico, tienden a cambiar de Clase IIA a Clase IIB cuando la temperatura del bulbo de sensado supera a la temperatura ambiente del indicador. En otras palabras, el líquido tiende a buscar la porción más fría de un sistema de Clase II, mientras que el vapor tiende a buscar la porción más cálida. Esto causa problemas cuando el indicador y el bulbo de sensado intercambia la calidad de cálido/frío. El rozamiento de líquido hacia arriba (o abajo) a través del entubado capilar cuando el sistema trata de alcanzar un nuevo equilibrio causa errores intermitentes de medición. Los sistemas de rellenado de bulbo de Clase II que están diseñados para operar en modo IIA o IIB son clasificados como IIC.

Un problema de calibración común a todos los sistemas que tienen tubos capilares con relleno de líquido es el *offset* de temperatura debido a la presión hidrostática (o succión) lo que resulta en una diferencia de altura entre el bulbo de medición y el indicador. Esto representa un desplazamiento del cero en calibración, lo cual puede ser contrarrestado permanentemente con ajustes de cero durante la instalación. Los sistemas de Clase IIB (rellenos con vapor) y de Clase III (rellenos con gas) no sufren este problema debido a que no hay líquido en el tubo capilar para generar una presión con la altura.

Una foto de un transmisor neumático de presión que usa un bulbo cerrado como elemento sensor se muestra (Fig. 1.4a).

Este transmisor es el modelo "Nullmatic" de Moore Products. El tubo capilar que conecta el bulbo de relleno de fluido del mecanismo del transmisor está protegido por un *jacket* de metal en espiral. El bulbo en sí está localizado en el extremo de la varilla de acero *stainless* que se inserta en fluido del proceso a ser medido (Fig. 1.4b).

En lugar de accionar directamente un mecanismo de puntero, la presión de fluido en este instrumento actúa como

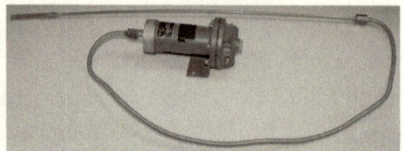

(a) Foto de un transmisor neumático de presión con sensor de bulbo cerrado

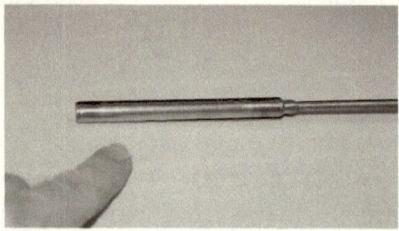

(b) Ubicación del bulbo cerrado

Figura 1.4: Sistema de bulbo cerrado

un mecanismo pneumático auto-balanceado para producir una señal de presión de aire de 3-15 PSI que represente la temperatura de proceso.

1.3 Detectores de Temperatura Resistivos

Una de las clases más sensibles de sensores de temperatura se basa en que la temperatura efectúe cambios en la resistencia eléctrica. Con este elemento primario de sensado, un óhmetro simple podría ser usado como un termómetro, al interpretar la resistencia como una medición de temperatura (Fig. 1.5).

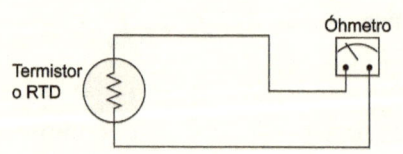

Figura 1.5: Esquema de la conexión de un termistor o RTD

1.3. DETECTORES DE TEMPERATURA RESISTIVOS

Los termistores son dispositivos hechos de óxido de metal cuya resistencia aumenta con un incremento de temperatura (coeficiente de temperatura positivo) o disminuye con un incremento de temperatura (coeficiente de temperatura negativo). Los RTDs son dispositivos hechos de metal puro (usualmente platino o cobre) los cuales siempre incrementan la resistencia con el incremento de temperatura. La mayor diferencia entre termistores y RTDs es la linealidad: los termistores son muy sensibles y no lineales, mientras que los RTDs son poco sensibles pero muy lineales. Por esta razón, los termistores son usados donde se necesite mayor precisión. Muchos dispositivos comerciales usan termistores como sensores de temperatura.

1.3.1 Coeficiente de temperatura de una resistencia

Los detectores de temperatura resistivos (RTDs) relacionan la resistencia con la temperatura según la siguiente fórmula:

$$R_T = R_{ref}[1 + \alpha(T - T_{ref})] \qquad (1.3)$$

Donde,

R_T = Resistencia de RTD a una temperatura dada T (ohms)

R_{ref} = Resistencia de RTD en la temperatura de referencia T_{ref} (ohms)

α = Coeficiente de Temperatura de Resistencia (ohms por ohm/grado)

El ejemplo siguiente muestra como usar la fórmula para calcular la resistencia de un RTD de Platino de 100 ohm que tiene un coeficiente de temperatura de 0.00392 a una temperatura de 35°C.

$$R_T = 100 \, \Omega[1 + (0.00392)(35°C - 0°C]$$

$$R_T = 100 \, \Omega[1 + 0.1372]$$

$$R_T = 100\,\Omega[1.1372]$$

$$R_T = 113.72\,\Omega$$

Debido a las no linealidades en el comportamiento del RTD su formulación lineal es solo una aproximación. Una aproximación más exacta es la fórmula de **Callendar-van Dusen**, la que introduce los términos de aproximación de grados 2, 3 y 4 (una aproximación es tanto más exacta mientras más términos se usen durante el cálculo):

$R_T = R_{ref}(1 + AT + BT^2 - 100CT^3 + CT^4)$ para temperatura entre -200°C $< T <$ 0°C

$R_T = R_{ref}(1 + AT + BT^2)$ para temperaturas entre 0°C $< T <$ 661°C,

ambos asumiendo $T_{ref} = 0°C$.

El punto de congelamiento y liquefacción del agua es la temperatura de referencia normalizada para la mayor parte de los RTDs. Aquí hay algunos valores típico de α para los metales comunes.

- Níquel = 0.00672 $\Omega/\Omega°C$

- Tungsteno = 0.0045 $\Omega/\Omega°C$

- Plata = 0.0041 $\Omega/\Omega°C$

- Oro = 0.0040 $\Omega/\Omega°C$

- Platino = 0.00392 $\Omega/\Omega°C$

- Cobre = 0.0038 $\Omega/\Omega°C$

El Platino es el metal con el que se hacen los cables de los RTD. El valor (α) para el platino varía acorde al tipo de aleación en que se venda. Cuando se usan para medición de referencia, el valor más común de α para los cables de platino es 0.003902 . Los RTD de uso industrial se venden con dos valores comunes de α, 0.00385 (el valor Europeo) y 0.00392 (el valor Americano).

1.3. DETECTORES DE TEMPERATURA RESISTIVOS

Con respecto a la Resistencia de referencia 100 Ω es una resistencia de referencia muy común (R_{ref} a 0°C para los RTDs industriales al igual que 1000 Ω. Sin embargo algunos RTDs industriales tienen una resistencia de referencia tan baja como 10 Ω. La resistencia de los RTDs es pequeña en comparación con las resistencias de los termistores, los que tienen resistencias nominales de decenas y cientos de miles de ohms. Esto causa problemas con las mediciones, porque los cables que conectan un RTD a su óhmetro tienen también resistencia, así que la proporción de voltaje que se cae en estos es mucho mayor que la que se cae en el RTD.

1.3.2 Circuitos de dos cables RTD

Los diagramas esquemáticos siguientes muestran los efectos relacionados a una resistencia total de 2 Ω en un circuito de un termistor y en un circuito de un RTD (Fig. 1.6).

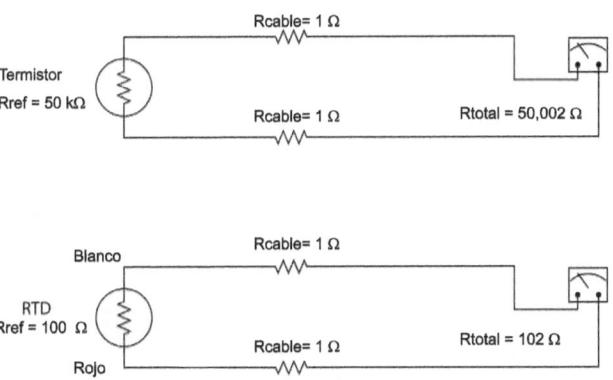

Figura 1.6: Diferencia entre RTD y termistores

Obviamente, la resistencia de los cables es más problemática en el caso de los RTDs de baja resistencia que para los termistores de alta resistencia. En un circuito RTD, la resistencia de los cables equivale al 1.96% de la resistencia total del circuito. En el circuito del termistor, los mismos 2 ohm de resistencia equivalen al 0.004% de la resistencia total del circuito. El enorme valor de la resistencia del termistor hace insignificante el valor de la resistencia del cable.

En los sistemas de aire acondicionado, ventilación y calefacción *HVAC (Heating, Ventilation and Air Conditioning)* en los que el intervalo de medición de temperatura es relativamente estrecho, la no linealidad de los termistores no constituye un problema serio y su inmunidad relativa con respecto al error debido a la resistencia del cable es una ventaja definitiva sobre los RTDs. En aplicaciones de mediciones de temperatura industrial donde el intervalo de mediciones de temperatura es usualmente más amplio, la no linealidad de los termistores pasa a ser un problema significativo, por lo que debe encontrarse una forma de usar RTDs de baja resistencia y entonces lidiar con el problema menor de la resistencia del cable.

1.3.3 Circuitos RTD de cuatro cables

Una técnica muy antigua de los eléctricos es conocida como el método de cuatro cables, es una solución al problema de la resistencia de los cables. Esta técnica era usada comúnmente para realizar mediciones de resistencia precisas en experimentos científicos en condiciones de laboratorio. La técnica de cuatro cables utiliza cuatro cables para conectar la resistencia bajo prueba (en este caso, el RTD) en el instrumento de medición (Fig. 1.7).

La corriente que se entrega al RTD viene de una fuente de corriente, cuyo trabajo es regular con precisión la corriente sin importar el circuito de resistencia. Un voltímetro mide la caída de voltaje en el RTD y se usa **La Ley de Ohm** para calcular la resistencia del RTD.

Ninguna de las resistencias de los cables influyen en este circuito. Los dos cables transportando corriente al RTD harán que se caiga algún voltaje a lo largo, pero esto no importa porque el voltímetro solamente verá el voltaje que se cae en el RTD y no el voltaje que se cae a través de la fuente

1.3. DETECTORES DE TEMPERATURA RESISTIVOS

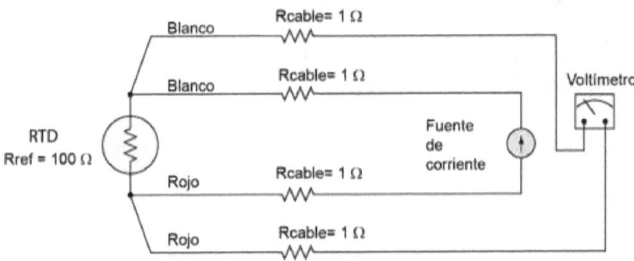

Figura 1.7: Método de cuatro cables para la medición de resistencia

de corriente. Aunque los cables que conectan el voltímetro al RTD tengan resistencia la corriente que circula por estos está fuertemente limitada por la intervención de los voltímetros (recuerde que un voltímetro tienen impedancia infinita y que los voltímetros amplificados por semiconductores tienen impedancia de entrada infinita de algunos Mega-ohm o más). Así, las resistencias de los cables que transportan corriente no tienen efecto porque el voltímetro nunca sensa sus caídas de voltaje y las resistencias de las puntas de prueba del voltímetro no tienen efecto porque prácticamente no transportan corriente.

Note como los cables de color (*blanco* y *rojo* son usados para indicar cuales cables son pares comunes en el RTD. Frecuentemente, estos cables de color son la única guía que tendrá el instrumentista para conectar apropiadamente un RTD de cuatro cables a un instrumento de sensado.

La única desventaja del método de cuatro cables es el número de cables necesario. Los RTD de cuatro cables agregan mucho cable cuando hay muchos RTD en el área de proceso. Los cables cuestan y ocupan canaletas, por lo que hay situaciones en las que el método de los cuatro cables es un enredo.

1.3.4 Circuitos de RTD de tres cables

Una solución de compromiso entre las conexiones RTD de dos y cuatro cables es la conexión de tres cables, la que se vé así (Fig. 1.8).

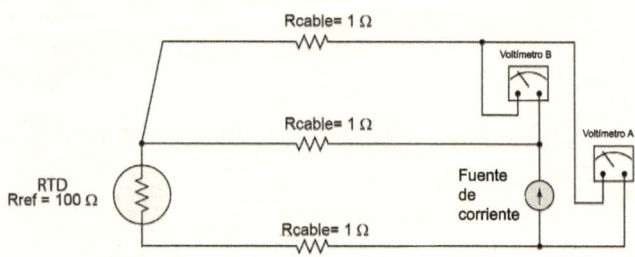

Figura 1.8: Conexión RTD de tres cables

En un circuito RTD de tres cables, el voltímetro **A** mide la caída de voltaje a través del RTD (más la caída de voltaje a través del cable transportador de corriente de abajo). El voltímetro **B** mide solamente el voltaje que se cae a través el cable transportador de corriente superior. Asumiendo que ambos cables tengan (casi) la misma resistencia, al substraerse la indicación del voltímetro **B** de la indicación del voltímetro **A** se obtendrá la caída del voltaje a través del RTD.

$$V_{RTD} = V_{\text{meter}(A)} - V_{\text{meter}(B)} \qquad (1.4)$$

Si las resistencias de los dos cables transportadores de corriente fuesen idénticamente precisas (y esto incluye la resistencia eléctrica de cualquier conexión dentro de los caminos que transporten corriente, tales como los bloques terminales), el voltaje calculado del RTD será el mismo que el voltaje RTD real y no aparecerá error por la resistencia del cable. Si, de todas maneras, uno de estos cables transportadores de corriente tuviese más resistencia que el

1.3. DETECTORES DE TEMPERATURA RESISTIVOS

otro, el voltaje RTD calculado no será el mismo que el voltaje RTD real y se producirá un resultado de medición con error.

Así, hemos visto que el circuito RTD de tres cables ahorra costo sobre el de cuatro cables, pero a expensas de un error de medición potencial. El atractivo del diseño de cuatro cables es que las resistencias de los cables son completamente irrelevantes: la determinación del voltaje real del RTD podría ser realizada sin importar cuanta resistencia tenga cada cable o de si las resistencias fuesen diferentes entre sí. La propiedad de cancelamiento de errores del circuito de tres cables, por contraste, descansa en la suposición de que los cables que transportan corriente tengan exactamente la misma corriente, lo que podría no ser cierto. Debe estar claro que los instrumentos reales basados en circuitos RTD de tres cables no emplean voltímetros de indicación directa. Los RTD reales utilizan circuitos de condicionamiento (analógicos o digitales) para medir la caída de voltaje y realizar los cálculos necesarios para compensar la resistencia del cable. Los voltímetros que se muestran en los diagramas de cuatro y tres cables solo sirven para ilustración, no como diseño práctico de un instrumento.

Figura 1.9: Foto de un transmisor de temperatura moderno

Se muestra la fotografía de un transmisor de temperatura moderno capaz de recibir señales desde RTDs de dos, tres y cuatro cables (también de termocuplas) (Fig. 1.9).

El símbolo de rectángulo mostrado en la etiqueta representa el elemento resistivo del RTD. El símbolo con el + el - representan un unión de termocupla que puede ser ignorada para el propósito de esta discusión. Como mostrado en el diagrama, un RTD de dos cables podría estar conectado entre los terminales 2 y 4. Igualmente, un RTD de tres cables podría conectarse a los terminales 1, 2 y 4 (con los terminales 1 y 2 como los puntos de conexión para los dos cables comunes del RTD). Finalmente, un RTD de cuatro cables podría conectarse a los terminales 1, 2, 3 y 4 (los terminales 1 y 2 serían los comunes).

Una vez que el RTD haya sido conectado a los terminales apropiados del transmisor de temperatura, el transmisor necesita estar electrónicamente configurado para el tipo de RTD. En este caso la configuración se realiza con un dispositivo inteligente que utiliza protocolo digital HART para acceder a los ajustes basados en microprocesador. Aquí, el instrumentista podría configurar el transmisor para conexiones de dos, tres y cuatro cables.

1.3.5 Error de auto-calentamiento

Un problema inherente de los termistores y los RTDs es el autocalentamiento. Para medir la resistencia de cualquiera de los dos necesitamos hacerle pasar una corriente. Desafortunadamente esto resulta en la generación de calor en la resistencia, de acuerdo a la ley de Joule.

$$P = I^2 R \tag{1.5}$$

La potencia disipada causa que el termistor o el RTD incrementen su temperatura en el ambiente que lo rodea, introduciendo un error de medición positivo. Este efecto puede ser minimizado limitando la corriente de excitación a un mínimo, pero esto resulta en menor voltaje caído en el dispositivo. Mientras menor sea este voltaje, más sensible tendría que ser el instrumento de medición de voltaje para sensar con precisión la condición del elemento resistivo. Además, una señal de voltaje menor significa que se tienen una razón señal a ruido menor, para un valor dado de ruido introducido desde fuentes externas.

Una forma inteligente para resolver el autocalentamiento sin disminuir la corriente de excitación al punto en que se haga inútil, es pulsar corriente a través del sensor resistivo y muestrear digitalmente el voltaje solamente durante esos breves instantes de tiempo en los que el termistor o RTD esté energizado. Esta técnica funciona bien cuando seamos capaces de tolerar tasas de muestreo bajas en nuestro instrumento de temperatura, lo cual es frecuentemente el caso porque la mayor parte de las aplicaciones de medición de temperatura son lentas. La técnica de corriente-pulsada se beneficia de la reducción de consumo de potencia en el instrumento, un factor a considerar en las aplicaciones de mediciones de temperatura portátiles.

1.4 Termocupla o termopar

Los RTDs son elementos sensores completamente pasivos, que requieren la aplicación de una corriente eléctrica externa para hacer funcionar los sensores de temperatura. Las termocuplas, también llamadas termopares, generan su propio potencial eléctrico. En alguna forma, esto hace que los sistemas de termocuplas sean más simples porque el dispositivo que recibe la señal de la termocupla no tiene que suministrar corriente eléctrica a la termocupla. Las termocuplas no sufren el efecto de autocalentamiento. De otra forma, los circuitos de termocuplas son más complejos que los circuitos RTDs porque la generación de voltaje realmente ocurren en dos lugares diferentes del circuito, no simplemente en el punto de sensado. Esto significa que el circuito receptor debe compensar la temperatura en otro lugar para medir en forma precisa en el lugar deseado.

Las termocuplas no son tan precisas como los RTDs pero son más robustas, tienen un alcance de temperatura mayor y son más fácil de fabricar en diferentes formas físicas.

1.4.1 Uniones de metales distintos

Cuando dos cables de metales diferentes se unen en un extremo, el voltaje producido en el otro extremo es aproximadamente proporcional a la temperatura. Es decir, la unión de dos metales diferentes se comporta como una batería sensible a la temperatura. Esta forma de sensor se denomina termocupla (Fig. 1.10a).

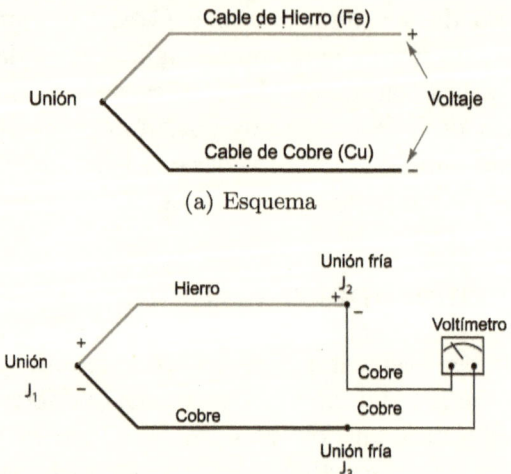

(a) Esquema

(b) Efecto de la unión fría en la conexión de una termocupla a un voltímetro

Figura 1.10: Termocupla

Este fenómeno nos proporciona una forma simple de inferir eléctricamente la temperatura: simplemente medir el voltaje producido por la unión y se podrá decir cuál es la temperatura de la unión. Esto sería muy simple, si no fuese por una consecuencia inevitable que traen aparejados los circuitos eléctricos: cuando conectamos cualquier tipo de instrumento eléctrico a los cables de Hierro y Cobre producimos inevitablemente otra unión de metales diferentes. El esquema siguiente muestra este hecho (Fig. 1.10b).

La unión J_1 es una unión de Hierro y Cobre – dos metales diferentes – la cual generará un voltaje relacionado con la temperatura. Note que la unión J_2 es necesaria por el simple hecho de que debemos de alguna forma conectar nuestro voltímetro cableado con cobre al cable de Hierro, es también una unión de metal diferente lo que genera un voltaje relacionado con al temperatura. Note también como la polaridad de la unión J_2 se opone a la polaridad de la unión J_1 (Hierro=positivo; Cobre = negativo). Una tercera unión (J_3) también existe entre cables, pero no tiene mayores consecuencias porque es una unión de dos metales idénticos que no generan un voltaje dependiente de la temperatura.

La presencia de una segunda unión generadora de voltaje ayuda a explicar por qué el voltímetro registra 0 cuando el sistema en su totalidad está a temperatura ambiente: cualesquier voltaje generado por uniones de Cobre y Hierro será igual en magnitud pero opuestas en polaridad, resultando en un voltaje neto (total serie) de cero. Solamente el voltímetro indicará voltaje cuando las dos uniones J_1 y J_2 sean diferentes.

Podemos expresar esta relación en forma matemática como sigue:

$$V_{voltmetro} = V_{J1} - V_{J2} \qquad (1.6)$$

Al igual que los voltajes de medición de las uniones (J_1) y de referencia (J_2), el voltímetro solamente ve la diferencia entre dos voltajes. Por eso los sistemas de termocuplas son fundamentalmente sensores de temperatura ya que proporcionan una salida eléctrica proporcional a la diferencia en temperatura entre dos puntos diferentes. Por esta razón, la unión de cables que se usa para medir la temperatura de interés es llamada unión de medición, mientras que la otra junta (que no podemos eliminar del circuito) es llamada la unión de referencia o unión fría *cold junction* porque típicamente está a una temperatura más fría que la unión de medición de proceso.

1.4.2 Tipos de termocuplas

Las termocuplas se clasifican en diferentes tipos, cada uno con su propio código de color para los diferentes cables. Se muestra una tabla con los tipos más comunes de termocuplas y sus colores estandarizados (válidos para USA y Canadá) (Tab. 1.1).

Note como el cable negativo (−) de cada tipo de termocupla esta marcado con el color rojo. Los lectores familiarizados con la electrónica tal vez asimilen este código como el positivo de una fuente de alimentación DC (el negro sería el negativo), sin embargo los códigos de color de termocuplas ya eran usados antes de que fuesen usados para las fuentes de alimentación.

Aparte del intervalo de temperaturas en que pueden ser usados, estas termocuplas también difieren en términos de las atmósferas que pueden soportar a temperaturas elevadas. Las de tipo J, por el hecho de que los cables son de hierro, rápidamente se corroen en una atmósfera oxidante (atmósferas con muchas moléculas de oxígeno, cloro o flúor). Las de tipo K son atacadas por atmósferas reductoras como Sulfuro y Cianuro. Los de tipo T son limitados en su alta temperatura por la oxidación del Cobre (un metal muy reactivo cuando está caliente), pero se comporta bien en atmósferas reductoras u oxidantes cuando está a bajas temperaturas, aún cuando esté húmedo.

1.5 Sensores de temperatura sin contacto

Virtualmente, cualquier masa que esté con temperatura mayor que el cero absoluto emite radiación electromagnética (fotones o luz) en función de la temperatura. Este hecho básico hace posible las mediciones de temperatura mediante el análisis de la luz emitida por un objeto. La ley de **Stefan-Boltzman** de la energía radiada cuantifica este hecho, declarando que la velocidad de calor perdida por la emisión radiante de un objeto caliente es proporcional a la cuarta potencia de la temperatura absoluta.

$$dQ \backslash dt = e\sigma AT^4 \tag{1.7}$$

1.5. SENSORES DE TEMPERATURA SIN CONTACTO

Tabla 1.1: Tipos de termocuplas

Tipo	Cable Positivo *característica*	Cable Negativo *característica*	Plug	Rango Temp.
T	Cobre (azul) *amarillo*	Constantán (rojo) *plateado*	Azul	-300 to 700 °F
J	Hierro (blanco) *magnético, oxidable*	Constantán (rojo) *no-magnético*	Negro	32 to 1400 °F
E	Chromel (violeta) *acabado brillante*	Constantán (rojo) *acabado tosco*	Violeta	32 to 1600 °F
K	Chromel (amarillo) *no-magnético*	Alumel (rojo) *magnético*	Amarillo	32 to 2300 °F
N	Nicrosil (naranjo)	Nisil (rojo)	Naranjo	32 to 2300 °F
S	Pt90% - Rh10% (Negro)	Platino (rojo)	Verde	32 to 2700 °F
B	Pt70% - Rh30% (gris)	Pt94% - Rh6% (rojo)	Gris	32 to 3380 °F

Donde,

$\frac{dQ}{dt}$ = Tasa de pérdida de calor radiante (watts)
e = Factor de Emisividad (sin unidad)
σ = Constante de Stefan-Boltzmann (5.67×10^{-8} W / m$^2 \cdot$ K^4)
A = Área superficial (m^2)
T = Temperatura Absoluta (Kelvin)

La ventaja principal de la termometría sin contacto (*pirometría* en mediciones de alta temperatura) es obvia: no necesitamos colocar un sensor en contacto directo con el proceso, una amplia variedad de mediciones de temperatura son imposibles o poco prácticas sin esta tecnología.

Un principio para los pirómetros sin contacto es concentrar la luz incidente proveniente de un objeto calentado en un pequeño elemento sensor de temperatura. Un incremento en temperatura en el sensor revela la intensidad de la energía que está llegando a este, la que es función de la temperatura del objeto que se quiere medir (Temperatura absoluta a la cuarta potencia) (Fig. 1.11).

La cuarta potencia de la serie de la **Ley de Stefan - Boltzmann** significa que al doblar la temperatura absoluta en el objeto caliente habrá dieciséis veces más energía radiante incidiendo en el sensor y por tanto habrá un incremento de dieciséis veces en la temperatura del sensor

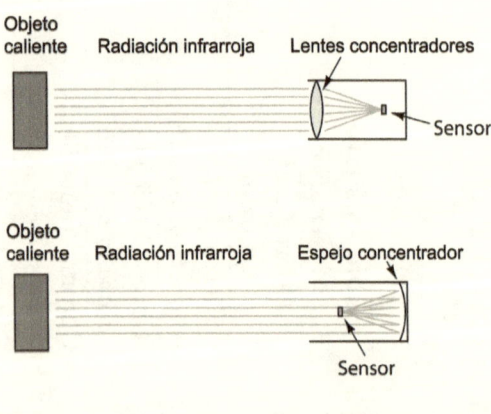

Figura 1.11: Pirómetros

1.5. SENSORES DE TEMPERATURA SIN CONTACTO

por encima de la temperatura del ambiente. Un aumento del triple de temperatura absoluta lleva a ocho veces la energía radiante y por tanto a 81 veces la temperatura en el sensor. Esta no - linealidad extrema hace que el intervalo de temperatura útil tenga que ser estrecho cuando se quiera buena precisión.

Las termocuplas fueron el primer tipo de sensor que se utilizaron en los pirómetros sin contacto y aún se usan en los instrumentos actuales. Puesto que el sensor no se calienta tanto como el objeto, la salida de cualquier unión de una termocupla en el área del sensor será bien pequeña. Por esta razón, los fabricantes de instrumentos frecuentemente emplean una serie de termocuplas conectadas en serie llamada *termopila* para generar una señal eléctrica suficiente.

Un diseño popular para un pirómetro sin contacto fabricado por años es el Radiamatic de Honeywell, que usa diez pares de uniones de termocuplas dispuestas en un círculo. Todas las uniones calientes se han puesto hacia el centro de este círculo donde el punto focal de la luz concentrada incide, mientras que las uniones frías están situadas alrededor de la circunferencia del círculo lejos del calor del punto focal. Se muestra una tabla de valores con la relación entre la temperatura a medir y la salida en milivolt de la unidad de sensado de un modelo de Radiamatic, note que es una función de grado cuatro.

Lo importante aquí es que la temperatura medida producirá incrementos de cuarta potencia en el aumento de la temperatura en el sensor, puesto que la temperatura en el sensor debe ser función directa de la potencia de la radiación incidente.

Por ejemplo: si tenemos 4144 K y 3033 K como nuestras temperaturas de prueba, podemos ver que la razón entre estas dos temperaturas es de 1.3663. Al elevar a la cuarta potencia nos da 3.485 para la razón entre los voltajes correspondientes de salida. Al multiplicar valores en milivolts de 9.9 mV (corresponde a la temperatura de 3033K) por 3.485 nos da 34.5 mV, lo que es bien cercano al valor de 34.8 mV que indica

Tabla 1.2: Función de transferencia de una termopila

Temperatura a medir (K)	Salida en Millivolt
4144 K	34.8 mV
3866 K	26.6 mV
3589 K	19.7 mV
3311 K	14.0 mV
3033 K	9.9 mV
2755 K	6.6 mV
2478 K	4.2 mV
2200 K	2.5 mV
1922 K	1.4 mV
1644 K	0.7 mV

el fabricante de la termopila:

$$\frac{4144 \text{ K}}{3033 \text{ K}} = 1.3663$$

$$\left(\frac{4144 \text{ K}}{3033 \text{ K}}\right)^4 = 1.3663^4 = 3.485$$

$$(3.485)(9.9 \text{ mV}) \approx 34.8 \text{ mV}$$

Si la precisión no fuese importante y si el intervalo de las temperaturas a medir en el proceso fuese modesto, podemos tomar la salida en milivolt de tal sensor e interpretarla linealmente. Cuando se usa de esta forma, un pirómetro sin contacto se denomina termocupla infrarroja. En este caso, la salida de voltaje debe ser conectada directamente a la entrada de un instrumento de termocupla tal como indicadores, transmisores, grabadores o controladores. Un ejemplo: la línea OS-36 de termocuplas infrarrojas fabricadas por Omega.

Las termocuplas están fabricadas para un intervalo más estrecho de temperatura (la mayor parte de los modelos OS-

1.5. SENSORES DE TEMPERATURA SIN CONTACTO

36 están limitados a un alcance de calibración de 100 °F o menos, sus termocuplas están diseñadas para producir señales de milivolt que corresponden a termocuplas del tipo T, K, etc. en un intervalo estrecho.

El campo de visión de los sensores sin contacto está especificado como un ángulo, una razón de distancia o ambos. Por ejemplo, la siguiente ilustración muestra una sensor de temperatura sin contacto de un campo de 5:1 (aproximadamente 11) (Fig. 1.12).

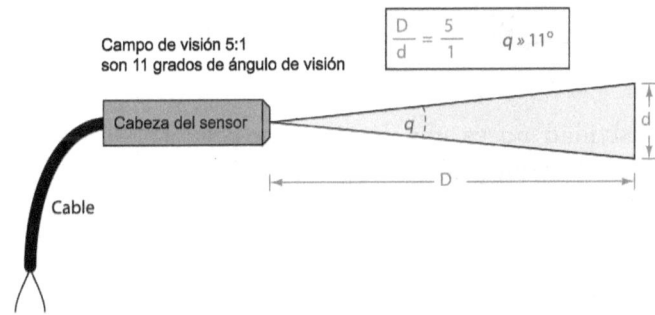

Figura 1.12: Campo de visión de un sensor de termperatura sin contacto

La relación matemática entre el ángulo de observación (θ) y la razón de la distancia es (D/d) sigue la función tangente:

$$\frac{D}{d} = \frac{1}{2\tan\left(\frac{\theta}{2}\right)} \qquad \theta = 2\tan^{-1}\left(\frac{d}{2D}\right)$$

Una muestra de relaciones de campo de visión y ángulos de visión aproximados se muestran en la tabla (Fig. 1.3).

Aparte de su no linealidad, quizás la peor desventaja de los sensores de temperatura sin contacto sea su imprecisión. El factor de emisividad (e) en la ecuación de **Stefan-Boltzmann** varía con la composición de la sustancia, pero también hay otros factores como el acabado de la superficie, la forma, etc., que afectan la cantidad de radiación que un sensor podrá recibir desde un objeto. Por esta razón,

Tabla 1.3: Diferentes tipos de relación de campo de visión y ángulo de visión

Distancia relación	Ángulo (approximadamente)
1:1	53°
2:1	30°
3:1	19°
5:1	11°
7:1	8°
10:1	6°

la emisividad no es una forma muy práctica de normar la efectividad de un pirómetro de calidad.

www.ingramcontent.com/pod-product-compliance
Lightning Source LLC
Chambersburg PA
CBHW020956180526
45163CB00006B/2395